SHANGHAI OUTSTANDING YOUNG

# ARCHITECTS

2018年上海市建筑学会成立六十五周年评选活动

上海市杰出中青年建筑师之十五 • 戎武杰

上海市建筑学会

The Architectural Society of Shanghai China

对立之下的共存和激荡之下的多元

戎武杰

Rong Wujie

中国建筑工业出版社

# 评选专家委员会

主 任：

全国工程勘察设计大师 沈 迪

专 家：

中 国 工 程 院 院 士<br>全国工程勘察设计大师 魏敦山

全国工程勘察设计大师 时 匡

全国工程勘察设计大师 汪孝安

全国工程勘察设计大师 赵元超

全国工程勘察设计大师 丁洁民

# 丛书序 PREFACE

上海伴随着改革开放近四十年的城市建设发展日新月异，浦江两岸新老建筑相映成辉，历史的传承和时代的发展使上海更具有文化的内涵和城市的魅力。在这振奋人心的时代里，在一大批优秀建筑的背后是一群富有创作热情、具有世界眼光、勤勉努力的中青年建筑师。他们已经成为当下行业内的中流砥柱，他们继承着前辈的匠心，把握着时代的脉搏，他们有着新一代独到的理论见解和创作思想。

2018 年正值上海市建筑学会成立 65 周年，六十多年来，学会汇聚了大批建设领域的专家和精英，他们积极参与上海市及全国各地的建设，为城市化建设与发展做出了卓有成效的贡献。值此 65 周年之际，本会向全社会发起了“上海市杰出中青年建筑师”评选活动，旨在表彰一批在建筑设计领域取得突出成就和做出重要贡献的中青年建筑师们，以此鼓励上海市中青年建筑师奋发进取、锐意创新的精神。

“上海市杰出中青年建筑师”评选于 2018 年 7 月 26 日正式启动，共收到来自 53 家设计院所、高校的 150 余名中青年建筑师的竞选申请；此次评选经过社会网络投票，唤起了行业内外对城市建设和建筑师的关注。其中网络投票页面访问次数达到 870 万次，累计投票次数超过 220 万次。最终，由院士、大师组成的评审专家委员会于 11 月 7 日推选出了 20 名“上海市杰出中青年建筑师”。

“上海市杰出中青年建筑师”系列丛书的出版，既展示了上海中青年建筑师们的学术水准、创作业绩及个人风采，也鼓励其创新精神和社会责任感。促进其能够与国际接轨，提升其社会影响力，为中国建筑业增添绚丽的色彩。

上海市建筑学会理事长

# 序言 FOREWORD

对于建筑的原型思考与实践，一直是戎武杰创作的原点。在他的建筑设计作品中，不仅对绿色属性的运用、整合与呈现恰如其分，大多还充满着故事感和多姿的色彩，能呈现出矛盾之中的共存和激荡之下的多元。

在戎武杰的代表作品中，三峡工程博物馆曾荣获上海市建筑学会建筑创作优秀奖，作品通过简单的几何形体营造出较强的空间张力与尺度，诠释其对这一巨构工程中自然元素和建造技艺的理解，并将人文、力学、科技、艺术等要素契合其中；同获优秀奖的作品还有上海儿童艺术剧场(原上海世博会上汽通用馆），以建筑的现代感与未来感传递着“城市让生活更美好”的办博理念，博览会结束后巧妙转型成为儿童剧院，又呈现出一张充满童趣和人文关怀的城市新名片；其他作品如崇明生态艺术展览馆、博康智能网络有限公司总部、上海市检察院一分院等项目的落成，均获得业内外一致好评。

戎武杰被评选为“上海市建筑学会20位杰出中青年建筑师”，既是对他个人20余年笔耕不辍的优秀创作成果褒奖，同时，也是同行业专家和社会大众对其作品的认可。我为这位东大学弟感到高兴，更希望他能够为此坚守得更远、更好！

孟建民

# 目录 CONTENTS

09 主要从业经历 MAIN EXPERIENCES
15 主要建筑作品 SELECTED WORKS
47 获奖经历及学术成果 AWARDS AND ACADEMIC ACHIEVEMENTS

盲从了父命后，选择了建筑设计这个“专业”，又赶上时代的潮流，在目不暇接的变化中开始享受自命不凡的快乐：别人会因为自己的“欲望”而变好。

一杯闲茶有时会让眼前晃过曾经体验过的各式各样的潮流和风格，想起来那实在都是对于各种各样期待存在的“欲念”的表达，其结果是自己如同舞台的美工，让这些“欲念”纯化之后能够“对立和共存”，顿时恍然大悟：这就是那个让自己“快乐”30年还不想撒手还将继续缠绕着自己的魔力啊。

# 主要从业经历

Main Experiences

30余载的建筑师生涯，赋予了戎武杰丰富的专业经验，也造就了他对产品、用户以及行业的深刻理解。但回想当初的懵懂，父亲的指引无形间划出一条职业道路的方向，潜移默化地影响了他的一生。

戎武杰受到家庭熏陶，自幼就跟着父亲学画画，虽然没有受过非常正规的美术训练，但这培养了他对形式语言与色彩语言的敏感度，为他四年的大学生涯以及往后的职业发展奠定了良好的基础。然而他对建筑设计行业的热情，还是要归功于这个时代。1988年东南大学建筑系建筑学毕业后的戎武杰遇到了建筑设计行业的大发展。他响应国家建立海南经济特区的号召，跟随企业的拓展步伐投入到“轰轰烈烈”的海南大开发的热潮中去，在那里，一待就是近八年。

在那片自由的沃土里，戎武杰肆意挥洒着他的才情，他有了第一个自己独立设计并建成的建筑，一栋位于“金贸区”的高层综合楼。设计上，他尝试了多种建筑语言，更多地赋予这栋建筑更多的特色，获得了用户非常高的评价。在海南，戎武杰还有一个骄傲，一个有4万多 $m^2$ 的文化娱乐中心。这么大面积的建筑即使现在来看也是很难得的项目，而这样的项目居然能让一个名不见经传的年轻建筑师尝试着做了出来，且获得了当年的行业设计奖。

随后，戎武杰带着积攒下的设计经验、人生阅历和一段浪漫的爱情故事回到了上海，以新的身份开始了一段新的征程。在此期间，身份在不断转变，但不变的是他对建筑设计的初心、对产品精益求精的追求。他完成了世博会上汽—通用汽车馆、三峡国家工程博物馆、苏河湾宝格丽酒店、崇明生态艺术展示馆、上海市朱家角郊区综合交通中心等，每一个都是闻名遐迩、备受赞誉的建筑佳作。

摄于上海市

每一个佳作背后都有一段不为人知的故事，2010年落成的世博会上汽—通用汽车馆，在设计阶段颇经历了一番周折。最初，美国通用汽车公司找国外设计师做了一年多的方案，都不太尽如人意，于是委托合作伙伴上汽来设计。在众多国内外设计师的比稿中，最终选中了戎武杰的方案。

上汽—通用汽车馆整体呈圆形和螺旋形的设计，主要是为了内部放映厅和展厅的功能考虑，同时又与车辆以及运动的概念相关联，表达了汽车作为工业产品的特点。在符合功能的前提下，尽量摆脱传统的预期和想象。为了看看观众们对自己的作品究竟有怎样的反应，戎武杰在世博会期间好几次专门和大家一起排队进去，就为了看到观众们离开汽车馆时脸上满意的笑容。上汽—通用汽车馆不仅得到了广大民众的赞许，还受到了国家领导的认可，世博会结束后，场馆被永久保留了下来，改造成为全国最大的儿童剧场——上海儿童艺术剧场继续使用。不难发现，戎武杰一直注重为用户提供真正有价值的使用空间。

然而2012年年底，戎武杰设计的“三峡国家工程博物馆”助他迈向建筑生涯的另一里程碑。和上汽—通用汽车馆相比，三峡国家工程博物馆是一项更浩大的工程，一项更艰巨的挑战。这也是戎武杰离开设计公司之前的最后一个作品。

三峡国家工程博物馆就像是要给整个三峡工程作序，博物馆中除了会全面介绍、展示三峡工程的历史源起、建设过程和绿色科技内容之外，也希望整个三峡国家工程博物馆的视觉形象能够诠释并表达人类合理改善自然的智慧与创造力，成为矗立在大坝旁极具人文力量的厚重丰碑。在戎武杰心目中，这个项目实现了对内容和创意想象的最好诠释，也是自己职业生涯中一次无憾的经历。

跑马圈地的做法已成为过去。时任绿地控股集团总建筑师、技术管理及产品研发部的负责人的戎武杰，希望凭借他的努力为用户带来实际的价值，助力绿地控股集团成为市场上的引领者和开拓者。

2010年上海世博会上汽—通用汽车馆外观

# 主要建筑作品

Selected Works

# 三峡国家工程博物馆

Three Gorges National Engineering Museum

项目地点：湖北宜昌三峡坝区
建筑类型：展览建筑
建筑面积：20000m$^2$
建筑层数：2
建筑外饰面：铝板

设计阶段：原创
设计时间：2014 年
工程状况：建成
合 作 者：邢同和、刘智伟

三峡国家工程博物馆项目用地位于举世闻名的长江三峡风景名胜区内，三峡大坝下侧 200m 外的平坡地上，因与恢宏的三峡大坝十分抵近，场面效果非常令人震撼。

设计的理念也深受这样的场景影响，力图表达建筑和大坝间的独特对话方式，观众在建筑中被赋予了三种方式来领略全球最大水利工程的存在感：一是在整体是三角形的建筑中去参观了解有关大坝的信息；二是在一个长达百米的巨型倾斜夹弄式时空隧道中去体验大坝泄洪时扑面而来的虚拟洪涛；三是走出建筑，在漂浮于建筑倾斜外体的走道上观看近在咫尺的真实的大坝雄姿。

我们力图用提升三峡工程的文化品位，体现水电工程文化和三峡山水人文文化。本项目也荣获了“第五届上海市建筑学会建筑创作优秀奖”。

# 上汽—通用汽车馆

SAIC-GM Pavilion

项目地点：上海市
建筑类型：展览建筑
建筑面积：20000m$^2$
建筑层数：3
建筑外饰面：铝板

设计阶段：原创
设计时间：2009 年
工程状况：建成
合 作 者：刘缨、方舟

作为世博会最受观众欢迎的场馆之一，上汽-通用汽车馆位于世博会的浦西展区。建设之初的场馆方案是通过国际招投标选定的。这个项目的难度不是来自于它的规模，而是来自于雇主独特的期待：要求方案能够在有限的造价之下最有效地表现出汽车文化的创意元素。

反复地尝试之后，方案的造型被表达成一个上大下小的螺旋体，形态除了直观地体现汽车的移动变化特质外，其变化的表皮还包裹着一个800座的环形立体动感表演影院。

本项目荣获“第三届上海市建筑学会建筑创作奖优秀奖”、“2010年度上海市优秀工程勘察设计二等奖”、“2011年度全国优秀工程勘察设计三等奖”等多项荣誉。

SAIC

# 博康智能网络有限公司总部

Shanghai Bocom Intelligent Network Technologies Co.Ltd  Headquarters

项目地点：上海市
建筑类型：办公建筑
建筑面积：20000m²
建筑层数：4
建筑外饰面：铝板、玻璃

设计阶段：原创
设计时间：2014 年
工程状况：建成
合 作 者：刘智伟

项目的功能非常简单，就是一间人工智能的科技企业的总部办公楼。设计上并不甘心用平铺直叙的方式来去诠释需求，也不准备用扭曲矫情的手法去自以为是。一切可以回归到原教旨般的几何形体，去思考他们之间的拙朴比对和直截了当的关联带来的惊喜，这个过程没有忘记色彩和光线的作用，如同绘画般毫不犹豫地涂抹……看起来，这样的设计思维与AI的逻辑空间并无分别。本项目荣获“上海市优秀设计三等奖”。

# 崇明生态艺术展示馆

Chongming Ecological Art Exhibition Hall

项目地点：上海市
建筑类型：展览建筑
建筑面积：4500m$^2$
建筑层数：2
建筑外饰面：铝板、玻璃

设计阶段：原创
设计时间：2015 年
工程状况：建成
合 作 者：刘智伟

这是一个实验性的绿色建筑项目，业主原本的目的是建造一个用于监测观察区域生态能耗状况的绿色建筑，同时也把其中的仪器设备向特定观众开放参观。只是在设计的过程中并没有满足于上述的设想，最后的结果是结合地形，围绕生态主题，做了一个向更多人群开放、展示绿色创意空间和技术运用的“展览建筑”。本项目荣获“上海市优秀设计三等奖”。

# 崇明陈家镇生态办公示范区

Eco-office Demonstration Building in Chenjia Town, Chongming

项目地点：上海市
建筑类型：办公建筑
建筑面积：5000m²
建筑层数：3
建筑外饰面：铝板、玻璃

设计阶段：原创
设计时间：2009 年
工程状况：建成
合 作 者：刘智伟

崇明陈家镇生态办公楼项目是上海崇明生态节能示范工程之一，项目位于崇明岛陈家镇东滩附近。项目总建筑面积 5117m$^2$，建筑地上三层，地下一层，建筑高度为 21m。项目为上海陈家镇国际生态社区示范性建筑，其所示范使用的建筑节能技术和设计方法将在国际生态社区中推广。本案的设计目标是创造富有设计感的生态办公示范建筑。

设计从“建筑本体生态设计”和“绿色节能集成技术”两方面展开，充分利用崇明岛生态自然资源，强调建筑自然通风设计和 BIPV 设计。建筑强调太阳能、风能、地热等可再生能源利用；并采用导风墙、导风井、立面遮阳、立体绿化、降温水系等建筑技术措施。建成后综合能耗节约 75％～80％，可再生能源利用率占建筑使用能耗的 50％以上，再生资源利用率超过 60%，室内环境质量舒适高效。

这个项目获得了“国家绿色建筑运营三星”的称号、第三届上海市建筑学会建筑创作奖佳作奖、第六届中国建筑学会建筑创作佳作奖、住建部 2013 年绿色建筑创新一等奖、住建部绿色建筑示范工程称号等多项荣誉。

2009 上海市检察院一分院

# 上海市检察院一分院
Shanghai Procuratorate Branch

项目地点：上海市
建筑类型：办公建筑
建筑面积：18000m$^2$
建筑层数：12
建筑外饰面：铝板、玻璃

设计阶段：原创
设计时间：2009 年
工程状况：建成
合 作 者：刘缨

这是个司法建筑，在与业主充分沟通后，在设计上摒弃柱式、台阶、古典等刻板的元素来表达司法的形象特质，采用了在总体布局上更为关注城市和街道的固有文脉，在形式语言上倾向现代的几何美学的手法。简洁而有力度的风格同时也很好地表达了现代司法机构亲民、为民、平等、维权的崭新理念。本项目荣获“2009 年度上海市优秀工程勘察设计二等奖”、“上海市勘察设计行业协会”等多项荣誉。

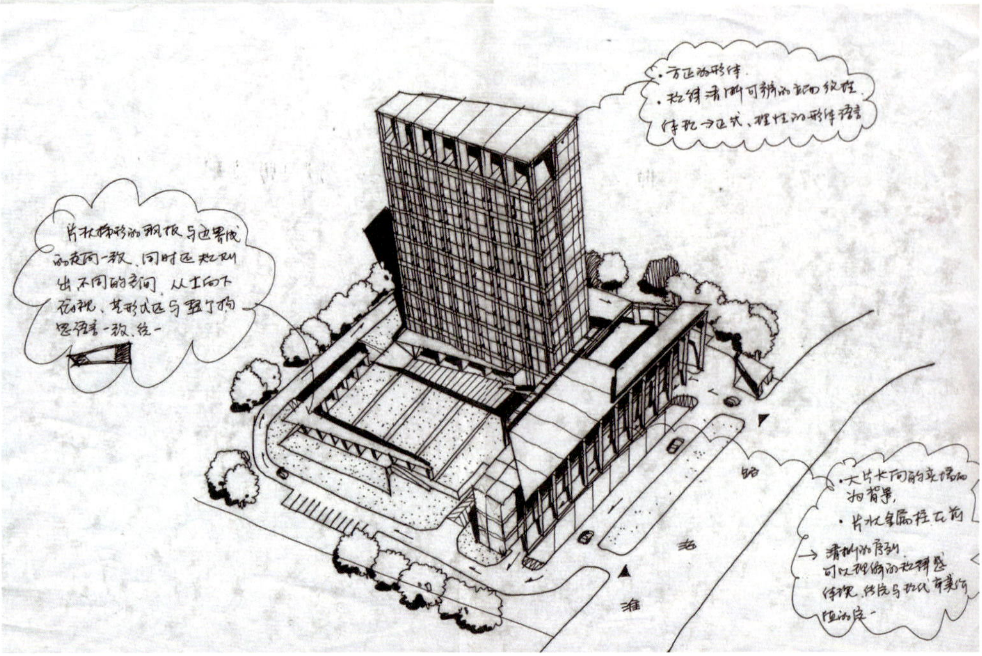
·方正的形体。
·秩序清晰可辨的组织性。
体现→正式、理性的形体语言
片状梯形的钢板与边界成的走向一致，同时还规划出不同的空间，从上向下俯视，其形式还与整个构思语言一致、统一
·大片长向的玻璃幕墙的背景，
·片状金属柱在前
→清晰的序列
可以理解的秩序感
体现，传统与现代有美的
统一的良一

# 宜昌大剧院
Yichang Grand Theatre

项目地点：湖北，宜昌市
建筑类型：文化观演
建筑面积：40000 ㎡
建筑层数：单层（24m）
建筑外饰面：GRC 板材

设计阶段：概念方案中标
设计时间：2016 年
工程状况：无
合 作 者：胡 博、索晓蝶、赵筱丹、王一

宜昌大剧院选址于宜昌市中心城区西坝岛，长江、三江和长江大桥围合的区域，葛洲坝水利工程的下游。建筑的造型和空间设计充分考量了内在的功能组织的合理性与外部山水环境及文脉的应对感，将宜昌独有的山水、人文甚至钢琴产业营造的独有城市气质充分融合，凝结成筑。

从三江对岸的城市片区望去，建筑的起伏轮廓与远山叠对成景，形成一道新的人造大地景观；从游船往来的长江望去，剧院综合体中透出的朦胧暖光和大小体量仿佛映射出一座微缩城市。

剧院综合体的曲线仿佛一段凝固的音律，又如山如水，如一只洄游的鲟鱼在长江频频起舞。

## 代表项目一览表

Representative Works

1998 年 南京文化艺术中心 \ 剧院 音乐厅 3.5 万 $m^2$

1998 年 上海美术馆 \ 美术馆 2.0 万 $m^2$

2000 年 上海西郊酒店公寓 \ 高级酒店公寓 \1.8 万 $m^2$

2001 年 APEC 会议厅 \ 会议 接待 0.14 万 $m^2$

2003 年 上海检察院一分院办公楼 1.70 万 $m^2$

2004 年 上海陆家嘴中央公寓 30 万 $m^2$

2005 年 中国驻多哥大使馆 \ 办公 0.6 万 $m^2$

2005 年 华东理工大学图书馆 \ 办公 3.4 万 $m^2$

2005 年 上海证监局办公楼 \ 办公 1.2 万 $m^2$

2005 年 上海证大喜马拉雅艺术中心 \ 六星酒店 艺术中心 办公 零售商业 15 万 $m^2$

2006 年 崇明生态示范办公楼 \ 办公 0.4 万 $m^2$

2007 年 镇江皇冠假日酒店 4.2 万 $m^2$

2008 年 杭州武林府 \ 豪宅 公寓 甲级写字楼 12 万 $m^2$

2008 年 世博会上汽 通用汽车馆 \ 展示，观演 1 万 $m^2$

2012 年 上海崇明生态艺术展示馆 \ 生态绿色实验示范建筑 0.5 万 $m^2$

2012 年 上海儿童艺术剧院 \ 观演建筑 1.1 万 $m^2$

2013 年 杭州烟草大厦 8.0 万 $m^2$

2013 年 宜昌三峡国家工程博物馆 2.0 万 $m^2$

2014 年 重庆中迪商业广场 70 万 $m^2$

2016 年 宜昌大剧院 12 万 $m^2$

# 获奖经历及学术成果

Awards and Academic Achievements

# 主要获奖经历
Main Awards

### 个人荣誉
青年建筑师新秀奖银奖
中国建筑学会青年建筑师奖

### 项目获奖

上海检察院一分院办公楼

2009 年度上海市优秀工程勘察设计 二等奖

世博会 上汽 - 通用汽车馆

第三届上海市建筑学会建筑创作奖 优秀奖

2010 年度上海市优秀工程勘察设计 二等奖

2011 年度全国优秀工程勘察设计 三等奖

崇明陈家镇生态办公示范楼

第三届上海市建筑学会建筑创作奖 佳作奖

第六届中国建筑学会建筑创作佳作奖

住建部 2013 年绿色建筑创新一等奖

住建部绿色建筑示范工程称号

三峡国家工程博物馆

第五届上海市建筑学会建筑创作奖 优秀奖

# 主要学术成果
Main Academic Achievements

## 论文著作

2002年12月期《建筑学报》“重塑城市生活的魅力——浅谈商业区和居住区的关系”（2004.6被亚太区城市信息化论坛第四届年会主委会及上海市建委组织的“上海人居与信息化论坛”评为优秀论文）

2002 年 机械工业出版社 《草图中的建筑师世界》

2008年 11月期《建筑学报》“陆家嘴中央公寓”

2010年 05月期《建筑学报》“炫动的魅力——上汽-通用汽车馆”

2010年 06月期《上海建设科技》“生态建筑的设计研究——崇明陈家镇生态办公楼设计”

## 实用新型专利

一种开放式幕墙斜立面排水和通风构造

一种围合建筑的自然通风布局

一种垂直降温通风系统

一种建筑垂直通风井

一种建筑导风系统

一种节能建筑布局结构

# 后记 POSTSCRIPT

2018年12月，上海市建筑学会为“上海市杰出中青年建筑师”评选成立了编写工作组，正式启动了本书的编写工作。

本系列丛书由20位“上海市杰出中青年建筑师”提供相关素材，对自身的主要从业经历、建筑作品、获奖经历及学术成果等方面作了多样的展示与阐述。由于篇幅有限，不足以充分反映20位杰出中青年建筑师的创作思想和优秀作品，只概括地阐述了具有代表性的内容。

“上海市杰出中青年建筑师”评选活动的圆满举办得益于学会理事会、学术委员会、各会员单位、设计院所、高校以及社会各界的大力支持，在此向所有提供支持与帮助的单位和个人表示衷心的感谢。

在编写过程中我们还得到了许多著名建筑师的支持，他们亲自为各位中青年建筑师写序，意在鼓励和培养青年一代的成长，在此向他们表示感谢。同时，特别要感谢评选委员会的专家沈迪、魏敦山、时匡、汪孝安、赵元超、丁洁民，他们以科学严谨的工作态度圆满地完成了本次评选工作。

最后要感谢编委会、学会秘书处以及参与本次编写工作的所有工作人员，感谢你们的辛勤付出。

上海市建筑学会将秉持“坚守科技报国初衷，不辱时代发展使命”的理念，聚行业合力，共谱城市建设华章；携手市民大众共铸辉煌！

上海市建筑学会

## 《上海市杰出中青年建筑师》系列丛书

按姓氏拼音排序

《上海市杰出中青年建筑师之一——薄宏涛》

《上海市杰出中青年建筑师之二——陈国亮》

《上海市杰出中青年建筑师之三——陈剑秋》

《上海市杰出中青年建筑师之四——陈　雷》

《上海市杰出中青年建筑师之五——崔中芳》

《上海市杰出中青年建筑师之六——郭建祥》

《上海市杰出中青年建筑师之七——胡世勇》

《上海市杰出中青年建筑师之八——李麟学》

《上海市杰出中青年建筑师之九——李　瑶》

《上海市杰出中青年建筑师之十——李振宇》

《上海市杰出中青年建筑师十一——刘宇扬》

《上海市杰出中青年建筑师十二——柳亦春》

《上海市杰出中青年建筑师十三——钱　平》

《上海市杰出中青年建筑师十四——任力之》

《上海市杰出中青年建筑师十五——戎武杰》

《上海市杰出中青年建筑师十六——宋照青》

《上海市杰出中青年建筑师十七——王文胜》

《上海市杰出中青年建筑师十八——张俊杰》

《上海市杰出中青年建筑师十九——章　明》

《上海市杰出中青年建筑师二十——曾　群》